四川省工程建设地方标准

保温装饰复合板应用技术规程

DBJ51/T 025 – 2014

Technical Specification for Application of Insulated Decorative Composite Panel

主编单位：四川省建筑科学研究院
成都市墙材革新建筑节能办公室
批准部门：四川省住房和城乡建设厅
施行日期：2014 年 11 月 1 日

西南交通大学出版社

2014 成都

图书在版编目（CIP）数据

保温装饰复合板应用技术规程 / 四川省建筑科学研究院，成都市墙材革新建筑节能办公室主编. —成都：西南交通大学出版社，2015.1（2017.1 重印）

（四川省工程建设地方标准）

ISBN 978-7-5643-3693-6

Ⅰ. ①保… Ⅱ. ①四… ②成… Ⅲ. ①保温板－装饰板－复合板－技术规范 Ⅳ. ①TB33-65

中国版本图书馆 CIP 数据核字（2015）第 014507 号

四川省工程建设地方标准

保温装饰复合板应用技术规程

主编单位 四川省建筑科学研究院

成都市墙材革新建筑节能办公室

责任编辑	姜锡伟
封面设计	原谋书装
出版发行	西南交通大学出版社 （四川省成都市二环路北一段 111 号 西南交通大学创新大厦 21 楼）
发行部电话	028-87600564 028-87600533
邮政编码	610031
网址	http://www.xnjdcbs.com
印刷	成都蜀通印务有限责任公司
成品尺寸	140 mm × 203 mm
印张	2.25
字数	54 千字
版次	2015 年 1 月第 1 版
印次	2017 年 1 月第 2 次
书号	ISBN 978-7-5643-3693-6
定价	25.00 元

各地新华书店、建筑书店经销

图书如有印装质量问题 本社负责退换

关于发布四川省工程建设地方标准《保温装饰复合板应用技术规程》的通知

川建标发〔2014〕367 号

各市州及扩权试点县住房城乡建设行政主管部门，各有关单位：

由四川省建筑科学研究院、成都市墙材革新建筑节能办公室主编的《保温装饰复合板应用技术规程》，已经我厅组织专家审查通过，现批准为四川省推荐性工程建设地方标准，编号为：DBJ51/T 025－2014，自 2014 年 11 月 1 日起在全省实施。

该标准由四川省住房和城乡建设厅负责管理，四川省建筑科学研究院负责技术内容解释。

四川省住房和城乡建设厅

2014 年 7 月 17 日

前　言

根据四川省住房和城乡建设厅《关于下达四川省地方标准〈保温装饰复合板应用技术规程〉编制计划的通知》（川建勘设科发〔2010〕446号），规程编制组经过广泛调查研究，深入试验分析，认真总结经验，参考有关标准，并在广泛征求意见的基础上编制完成本规程。

本规程包括7章5个附录，主要技术内容包括：1　总则；2　术语；3　基本规定；4　性能要求；5　设计；6　施工；7　施工质量验收。

本规程由四川省住房和城乡建设厅负责管理，四川省建筑科学研究院负责技术内容的解释。执行过程中如有意见和建议，请寄送至四川省建筑科学研究院（地址：成都市一环路北三段55号；邮政编码：610081；电话：028-83338376）

本规程主编单位：四川省建筑科学研究院
成都市墙材革新建筑节能办公室

本规程参编单位：中国建筑西南设计研究院有限公司
四川省建材工业科学研究院
成都市建筑工程质量监督站
成都建筑工程集团总公司
四川省建设科技协会

四川奥菲克斯建设工程有限公司

四川特丽达实业有限公司

四川杜泰新型建筑材料科技开发有限公司

四川瑞佳坤朋建材有限公司

本规程主要起草人员：张剑峰　程　山　韦延年　向　莉

江成贵　张仕忠　曾　伟　甘　鹰

徐　炜　于　忠　赵建华　黎　力

韩　舜　李　斌　吴　涛　赵常颖

唐建波　邓传观　陈　文　张晓武

本规程主要审查人员：秦　钢　冯　雅　张　静　任兆祥

章一萍　储兆佛　李固华

目　次

Contents

1 总 则

1.0.1 为了在四川地区建筑工程中科学、合理地推广应用保温装饰复合板保温系统，规范保温装饰复合板保温系统的设计、施工及验收，确保工程质量，制定本规程。

1.0.2 本规程适用于四川地区抗震设防烈度 8 度以下（含 8 度）的区域新建、扩建和改建的民用建筑外墙外保温装饰工程的设计、施工和验收。

1.0.3 保温装饰复合板保温系统保温工程的设计、施工及验收，除应符合本规程的要求外，尚应符合现行国家、行业和四川省地方有关标准的规定。

2 术 语

2.0.1 保温装饰复合板保温系统 thermal insulation system of decorative-composite panel

置于建筑物外墙一侧，集保温装饰功能于一体的系统，由保温装饰复合板、胶粘剂、锚固件及固定卡件、填缝材料、密封胶等组成。保温装饰复合板与基层墙体的连接采用胶粘剂粘结，并采用专用锚栓及其固定卡件固定，经板缝密封处理形成墙体保温装饰系统。

2.0.2 保温装饰复合板 insulated decorative composite panel

在工厂预制成型的由带饰面层面板与保温板或带有底衬、增强材料粘结而成的复合板材。

2.0.3 保温板 insulated panel

在保温装饰复合板中起保温隔热作用的构造层。按材料性质划分为无机保温板和有机保温板。

2.0.4 面板 surface panel

带饰面层的无机非金属板材或金属板材。无机非金属板材可以为纤维水泥平板或纤维增强硅酸钙板，金属板材为铝板。

2.0.5 饰面层 decorative coating

保温装饰复合板面板外表面起装饰作用的构造层。

2.0.6 胶粘剂 adhesive

由水泥、石英砂、聚合物胶粉或乳液、功能性助剂等材料组成，用于保温装饰复合板与基层墙体粘结的聚合物水泥砂浆。

2.0.7 基层 substrate

保温装饰复合板保温系统所依附的外墙。

2.0.8 界面剂 interface latex

用以改善基层或保温层表面粘结性能的聚合物水泥砂浆。

2.0.9 锚固件 mechanical fastener

用于将保温装饰复合板与基层墙体进行连接、固定的组合构件，设置在保温装饰复合板边缘四周，其中金属固定卡件与面板连接，并通过锚栓固定在基层墙体上。

2.0.10 填缝材料 gap material

用于填充保温装饰复合板之间间隙的保温材料。

2.0.11 密封胶 fluid sealant

具有良好的耐候性能，用于保温装饰复合板板缝密封的材料。

2.0.12 防火隔离带 fire barrier zone

设置在外保温工程中，采用不燃保温材料按水平方向分布，高度方向具有一定尺寸，能阻止火灾沿外墙面或在外墙外保温系统内蔓延的防火构造。

3 基本规定

3.0.1 保温装饰复合板保温系统的组成材料应由系统产品制造商配套提供。

3.0.2 保温装饰复合板保温系统应能适应基层的正常变形而不产生裂缝、松动或脱落。

3.0.3 保温装饰复合板保温系统应能长期承受自重而不产生有害的变形。

3.0.4 保温装饰复合板保温系统应能承受风荷载的作用而不产生破坏。

3.0.5 保温装饰复合板外墙保温工程的基层应坚实、平整，锚固件与基层连接可靠、安全。

3.0.6 保温装饰复合板保温系统应能承受室外气候的长期反复作用而不产生破坏。

3.0.7 保温装饰复合板保温系统在规定的抗震设防烈度内不应从基层上脱落。

3.0.8 保温装饰复合板保温系统应采取可靠的防火构造措施。保温装饰复合板保温工程的防火设计、施工应符合《建筑外墙外保温防火隔离带技术规程》（JGJ 289）的规定。

3.0.9 保温装饰复合板保温系统应具有防水渗透性能与透气性能。

3.0.10 保温装饰复合板保温系统各组成部分应具有物理-化学稳定性。所有组成材料应彼此相容并应具有防腐性。在可能受到生物侵害（鼠害、虫害等）时，外墙外保温系统还应具有防生物侵害的性能。

3.0.11 保温装饰复合板保温系统复合墙体的保温、隔热和防潮性能应符合现行国家标准《民用建筑热工设计规范》（GB 50176）和国家现行相关建筑节能设计标准的规定。

3.0.12 在正确使用和正常维护的条件下，保温装饰复合板保温系统的使用年限不应低于25年。

4 性能要求

4.1 系统性能要求

4.1.1 保温装饰复合板外墙外保温系统性能应符合表 4.1.1 的规定。

表 4.1.1 保温装饰复合板外墙外保温系统性能

项目		性能指标	试验方法
耐候性	外观	不得出现饰面层粉化、起泡或剥落，面板松动或脱落等破坏，不得产生渗水裂缝	JGJ 144
	抗拉强度，MPa	≥0.10（保温材料为 XPS 板时≥0.20），破坏界面应位于保温层内	
抗冲击性，J	建筑物首层墙面及门窗口等易受碰撞部位	≥10	
	建筑物 2 层以上墙面等不易受碰撞部位	≥3	
耐冻融	外观	系统无粉化、起泡、起鼓、空鼓、脱落，无渗水裂缝	
	抗拉强度，MPa	≥0.10（保温材料为 XPS 板时≥0.20），破坏界面应位于保温层内	

续表

项　目	性能指标	试验方法
吸水量，g/m^2	≤500	JGJ 144
抗风压值	不小于风荷载设计值	
水蒸气湿流密度，$g/(m^2 \cdot h)$（有排气塞时）	≥0.85	
不透水性	系统内侧未渗透	
复合墙体热阻 R，$m^2 \cdot K/W$	符合设计要求	GB/T 13475
单个锚固件抗拉承载力标准值，kN	满足设计要求且不小于 0.6	JG/T 366—2012
燃烧性能	不低于 B1 级	GB/T 8624

注：1　复合墙体热阻按本规程附录 A 的计算方法进行计算。
　　2　当保温装饰复合板面板为金属板时不检验不透水性能。

4.2　组成材料

4.2.1　保温装饰复合板尺寸允差应符合表 4.2.1 的规定。

表 4.2.1　保温装饰复合板的尺寸允差

项　目		性能指标	试验方法
尺寸允差	长度，mm	±2.0	GB/T 6342
	宽度，mm	±2.0	
	厚度，mm	0 ~ +2.0	
	对角线差，mm	≤4.0	
	平整度，mm/m	≤4.0	
	直角偏差度，mm/m	≤3.0	

注：保温层厚度不应有负偏差。

4.2.2 保温装饰复合板外观质量及物理力学性能应符合表 4.2.2 的规定。

表 4.2.2 保温装饰复合板外观质量及物理力学性能

项目		性能指标	试验方法
外观质量		板面平整、无裂纹；色泽均匀一致，无翘曲、变形；切口平整、无缺棱掉角	目测
面密度，kg/m^2		≤30	附录 A
耐冻融性		≥25 次	JGJ 144
面板与保温板拉伸粘结强度，MPa	原强度	≥0.10（保温板为 XPS 时≥0.20），破坏界面位于保温层内	JGJ 144
	耐水性		
	耐冻融性		
燃烧性能		不低于 B1 级	GB/T 8624
涂料饰面层	附着力，级	≤1	GB/T 9286
	耐酸性（48 h）	无异常	GB/T 9274
	耐碱性（96 h）	无异常	GB/T 9265
	耐沾污性，%	≤10	GB 9780
	耐人工气候老化（1 000 h）	合格	GB/T 1865 GB/T 1766

注：耐沾污性、附着力仅限平涂饰面。

4.2.3 保温装饰复合板采用的保温材料性能指标

1 有机类保温板性能应符合表 4.2.3-1 的规定。

表 4.2.3-1 有机类保温板性能

项目	性能指标				试验方法
	模塑聚苯乙烯泡沫塑料板(EPS)	挤塑聚苯乙烯泡沫塑料板(XPS)	硬泡聚氨酯板(PU)	酚醛树脂泡沫板(PF)	
密度，kg/m^3	≥20	25～35	≥35	≥60	GB/T 6343
导热系数，W/(m·K)	≤0.039	≤0.032	≤0.025	≤0.030	GB/T 10294 或 GB/T 10295
垂直于板面方向的抗拉强度，MPa	≥0.10	≥0.20	≥0.10	≥0.10	JGJ 144
尺寸稳定性，%	≤1.0	≤1.5	≤1.5	≤1.0	GB 8811
燃烧性能	不低于 B1 级				GB 8624

注：导热系数仲裁试验采用 GB/T 10294。

2 无机保温板及其他类保温板性能应符合表 4.2.3-2 的规定。

表 4.2.3-2 无机保温板及其他类保温板性能

项 目	性能指标	试验方法
干密度，kg/m^3	≤300	GB/T 5486
导热系数，W/(m·K)	≤0.070	GB/T 10294 或 GB/T 10295
蓄热系数，$W/(m^2·K)$	≥1.2	JG/T 283
抗压强度，MPa	≥0.60	GB/T 5486.2
垂直于板面方向的抗拉强度，MPa	≥0.15	JGJ 144
吸水率（*V*/*V*），%	≤12	JC/T 647
软化系数	≥0.70	JG/T 283

续表

项　目		性能指标	试验方法
干燥收缩值，mm/m		≤0.80	GB/T 11969
燃烧性能		A 级	GB 8624
放射性核素限量	内照射指数 I_{Ra}	≤1.0	GB 6566
	外照射指数 I_{r}	≤1.0	

注：导热系数仲裁试验采用 GB/T 10294。

4.2.4 保温装饰复合板用非金属类面板应选用纤维增强硅酸钙板或纤维水泥板，其性能应分别符合现行行业标准《纤维增强硅酸钙板 第 2 部分：温石棉硅酸钙板》(JC/T 564.2)和《纤维水泥平板 第 1 部分：无石棉纤维水泥平板》(JC/T 412.1)的规定，其厚度应不小于 6 mm。

4.2.5 保温装饰复合板用金属类面板应选用铝板，其性能应符合现行国家标准《一般工业用铝及铝合金板、带材》(GB/T 3880)的规定，其厚度为 0.6 ~ 1.5 mm。

4.2.6 胶粘剂性能应符合表 4.2.6 的规定。

表 4.2.6 胶粘剂性能

项　目		性能指标	检验方法
与保温装饰复合板拉伸粘结强度，MPa	原强度	≥0.10（保温板为 XPS 时≥0.20），破坏界面位于保温层内	JGJ 144
	耐水性		
与水泥砂浆拉伸粘结强度，MPa	原强度	≥0.60	
	耐水性	≥0.40	

4.2.7 锚固件主要性能除符合以下要求外尚应符合表 4.2.7 的要求。

1 锚固件所使用的金属螺钉其他附属构件均应采用不锈钢或经过表面防腐处理的金属制成。

2 塑料膨胀管应采用聚酰胺、聚乙烯或聚丙烯制成，不应使用再生料。

3 锚固件进入基层的有效锚固深度应不小于 25 mm，多孔砖砌体基层墙体、空心砌块基层墙体应采用通过摩擦和机械锁定承载的锚栓。

表 4.2.7 锚固件主要性能

项 目	性能指标	试验方法
单个锚固件的抗拉承载力标准值，kN	≥0.60	JG/T 366—2012
单个锚固件对系统传热的增加值，$W/(m^2 \cdot K)$	≤0.004	JG 149

4.2.8 填缝材料采用不燃保温材料或与保温装饰复合板用保温板同质的材料。

4.2.9 密封胶采用硅酮建筑密封胶，其性能应符合《硅酮建筑密封胶》（GB/T 14683）的规定。密封胶与保温装饰复合板应具有相容性。

4.2.10 防火隔离带用保温材料性能指标应符合《建筑外墙外保温防火隔离带技术规程》（JGJ 289－2012）的规定。

5 设　计

5.1 一般规定

5.1.1 保温装饰复合板外墙外保温工程设计应选用适宜的外保温系统，不得更改系统构造和组成材料。

5.1.2 保温装饰复合板外墙外保温工程的热工和节能设计除符合本规程第 3.0.11 条的规定外，尚应符合下列要求：

1 凸窗洞口周边墙面、女儿墙、封闭阳台及其出挑构件等热桥部位应采取与外墙外保温系统一致的保温措施。

2 应考虑金属锚固件的热桥影响。

5.1.3 外保温工程门窗洞口及凸窗洞口周边墙面、板缝、变形缝及外墙挑出构件、孔洞等部位的防水密封措施，应能防止室外雨、雪渗入外保温系统及建筑物内部。

5.1.4 保温装饰复合板保温系统上安装的设备管线、管道、悬挂重物，其支承构件应固定于基层墙体上。

5.2 系统构造

5.2.1 保温装饰复合板外墙外保温系统由胶粘剂、保温装饰复合板、填缝材料、密封材料和锚固件构成。在基层墙体上采用以粘结为主、粘锚结合的方式将保温装饰复合板固定在基层上，板缝采用填缝材料封填，并用硅酮密封胶嵌缝。其基本构造见表 5.2.1。

表 5.2.1 保温装饰复合板外墙保温系统基本构造层次示意

系统基本构造层次及材料组成			构造示意图
基层①	胶粘层②	保温装饰层③	①基层 ②胶粘层 ③保温装饰层
基层墙体+界面剂+水泥砂浆找平层	胶粘剂+锚固件	保温装饰复合板+填缝材料+密封胶+排气塞	

5.2.2 保温装饰复合板应采用粘锚工艺与基层墙体连接固定。胶粘剂与墙面粘结可采用点框法和条粘法，并优先使用条粘法。粘结面积不应小于保温装饰复合板面积的 50%。

5.2.3 锚固件应符合系统安装工艺的要求，保温装饰复合板边缘安装的锚固数量不得少于 4 个，每平方米不得少于 8 个。

5.2.4 固定卡件应固定在保温装饰复合板的面板上，不得设置在保温层内。固定卡件的固定应符合下列规定：

1 无机非金属面板的固定卡件应固定在面板的侧槽内，插入槽内深度不应小于 5 mm，宽度不应小于 25 mm。

2 金属面板的固定卡件应固定在面板的折边槽内，插入槽内深度不应小于 5 mm，宽度不应小于 20 mm。

5.2.5 保温装饰复合板外保温系统每 10 m^2 内的墙面应设一个排气塞，排气塞嵌入板缝后粘贴必须牢固，气孔畅通。

5.2.6 外保温系统女儿墙应设置混凝土压顶或金属板盖板，女儿墙压顶与复合板之间的缝应采用密封胶嵌填密实。

5.2.7 保温装饰复合板应用在外墙保温隔热工程中的保温层厚度,应按本规程附录B规定的建筑热工设计计算方法进行计算确定。

5.2.8 门窗洞口部位、伸缩缝、沉降缝及变形缝等缝隙部位的处理，应保证其使用功能和饰面的完整性。

6 施　工

6.1　一般规定

6.1.1　保温装饰复合板外墙外保温工程的施工应在主体结构工程验收合格后进行，施工前应对基层墙体质量进行检查验收。

6.1.2　保温装饰复合板外墙外保温工程的施工应编制其专项施工方案，经相关程序审批后实施。

6.1.3　保温装饰外墙外保温工程施工前，外门窗框或辅框应安装完毕。外墙面的雨水管卡、预埋铁件、设备穿墙管道等应提前安装完毕。上述部位及窗口应预留出保温装饰复合板厚度。

6.1.4　保温装饰复合板外墙外保温工程施工前，应进行基层处理。基层应坚实、平整，表面应清洁无油污、脱模剂、浮尘等妨害粘结的附着物。

6.1.5　保温装饰复合板外墙外保温工程施工现场应按有关规定，有机材料储存及使用必须采取防火安全措施。

6.1.6　保温装饰复合板外墙外保温工程施工过程中，材料进场后，应有产品合格证、出厂检验报告、型式检验报告等质量证明文件，并按照规定进行见证抽样、复验，合格后方可使用。

6.1.7　保温装饰复合板安装前应根据设计要求，结合墙面实际尺寸，编制排板图，并设置安装控制线，墙体上锚固件设置位置应正确。

6.1.8 保温装饰复合板外墙外保温工程施工期间，环境温度不应低于 5 °C，在 5 级及以上大风天气和雨天不得施工。夏季施工应有遮蔽措施，避免暴晒。

6.1.9 保温装饰复合板外墙保温系统完工后应做好成品保护。

6.2 施工工艺

6.2.1 保温装饰复合板外墙保温系统施工工序应符合图 6.2.1 的要求。

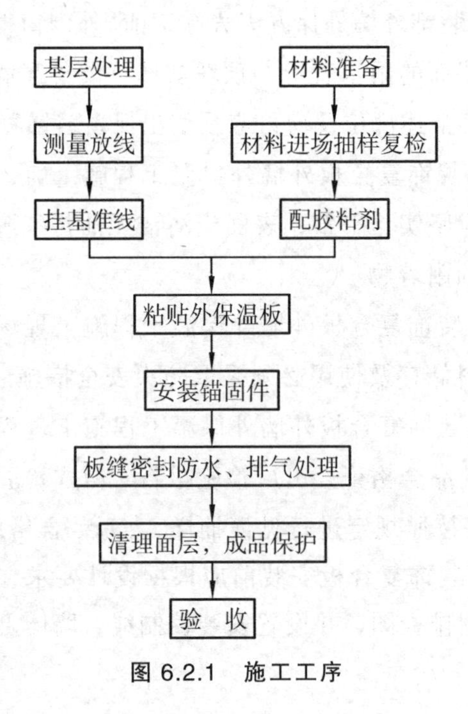

图 6.2.1 施工工序

6.3 施工要求

6.3.1 基层应按本规程 6.1.4 条的要求进行处理。找平层与基层墙体的粘结强度应符合《抹灰砂浆技术规程》（JGJ/T 220－2010）第 7.0.10 条的规定；找平层垂直度和平整度应符合现行国家标准《建筑装饰装修工程质量验收规范》（GB 50210）的规定。

6.3.2 根据建筑立面（或墙面）设计，在基层上弹出门窗洞口水平线、垂直控制线、分隔缝线。

6.3.3 在建筑物四大角及其他必要处挂垂直基准线，每个楼层适当位置挂水平线，以便控制保温装饰复合板的垂直度及平整度。

6.3.4 严格按照生产厂家提供的配合比及使用说明书进行配制胶粘剂，不得随意更改配合比。

6.3.5 粘贴保温装饰复合板应符合下列规定：

1 施工前应按保温装饰复合板的规格、设计要求及施工现场的尺寸进行排板，并编号、标记。需裁切的保温装饰复合板应布置在阴阳角部位，板宽不应小于 300 mm。

2 施工顺序垂直方向应由下到上，水平方向应先阳角后阴角，先大面，后小面及洞口。

3 胶粘层的粘贴面积应符合设计要求且不小于保温装饰复合板面积的 50%，板的侧面不得涂抹或沾有胶粘剂。

4 粘贴时，应用 2 m 靠尺检查其平整度。

6. 3. 6 安装锚固件及固定卡件应符合下列规定：

1 锚固件安装应用电锤钻孔，进入基层的锚固深度不应小于 25 mm。

2 锚固件数量每平方米不应少于 8 只。

6. 3. 7 板缝密封防水、排气处理应符合下列规定：

1 清理板缝两侧的飞边、毛刺及溢出的胶粘剂，按设计要求填塞分隔缝。

2 填缝应饱满密实，填入的厚度应与保温层厚度相同。

3 排气塞宜设置在分隔缝处，应在密封胶施工完毕 24 h 后，在板缝中间或十字交叉处安设，靠近顶部或女儿墙处安装大号排气塞。

6. 3. 8 保温装饰复合板保温工程全部安装完成后应进行板面清洁和成品保护。

7 施工质量验收

7.1 一般规定

7.1.1 保温装饰复合板保温工程的验收应按《建筑工程施工质量验收统一标准》(GB 50300)、《建筑节能工程施工质量验收规范》(GB 50411)及其他现行有关标准执行。

7.1.2 保温装饰复合板外墙保温工程的质量验收，应在保温装饰复合板外墙保温工程所含检验批全部验收合格的基础上进行。

7.1.3 检验批应按下列规定划分：

1 相同材料、工艺和施工做法的保温装饰复合板外墙保温工程，每 500～1 000 m^2 面积划分为 1 个检验批；不足 500 m^2 的也应划分为 1 个检验批。

2 检验批的划分也可根据与施工流程相一致且方便施工与验收的原则，由施工单位与监理（建设）单位共同商定。

7.1.4 检验批质量验收合格，应符合下列规定：

1 检验批应按主控项目和一般项目验收。

2 主控项目应全部合格。

3 一般项目应合格；当采用计数检验时，至少应有 90%的检查点合格，且其余检查点不得有严重缺陷。

4 应具有完整的施工操作依据和质量检查记录。

7.1.5 应对下列部位及内容进行隐蔽工程验收，并应有详细的文字记录和必要的图像资料：

1 保温装饰复合板附着的基层及表面处理。

2 保温装饰复合板保温层及面板的厚度。

3 保温装饰复合板的粘贴及固定。

4 锚固件及固定卡件的设置及固定。

5 伸缩缝、沉降缝及变形缝等部位的构造节点。

6 建筑物檐口、女儿墙顶部、阴阳角、门窗洞口、勒脚、复合板接缝、封口等部位的构造节点。

7 其他构造节点。

7.1.6 保温装饰复合板外墙保温分项工程验收时，应检查下列文件和资料：

1 设计文件、图纸会审记录、设计变更和节能专项审查文件。

2 施工方案。

3 系统各组成材料的产品质量合格证、出厂检验报告、保温系统的型式检验报告及进场验收记录等。

4 系统主要材料的现场抽样见证取样单、复验报告。

5 锚固件现场拉拔试验报告。

6 保温装饰复合板与基层的拉伸粘结强度试验报告。

7 隐蔽验收记录及相关图像资料。

8 检验批、分项工程验收记录。

9 质量问题处理记录。

10 其他有关文件和资料。

7.2 主控项目

7.2.1 系统各组成材料、配套材料、构配件等进场后，应进行质量检查和验收，其品种、规格必须符合设计和有关标准的要求。

检验方法：观察、尺量检查；核查质量证明文件。

检查数量：按进场批次，每批随机抽取 3 个试样进行检查；质量证明文件按其出厂检验批进行核查。

7.2.2 保温装饰复合板的面密度、保温材料导热系数、与面板的拉伸粘结强度应符合设计要求。

检验方法：核查质量证明文件及进场复检报告。

检查数量：全数检查。

7.2.3 保温装饰复合板和粘结材料等进场时，应对其下列性能进行复检，复检应为见证取样送检：

1 保温装饰复合板的面密度、面板与保温板之间的拉伸粘结强度。

2 保温板的导热系数、密度、抗拉强度、燃烧性能。

3 面板涂料饰面层的耐酸性、耐碱性、表面涂膜附着力。

4 胶粘剂的拉伸粘结原强度和耐水强度。

5 锚固件的单个锚栓抗拉承载力标准值。

检验方法：随机抽样送检，核查复验报告。

检查数量：同一厂家同一品种的产品，当单位工程建筑面积在 20 000 m^2 以下时各抽查不少于 3 次；当单位工程建筑面积在 20 000 m^2 以上时各抽查不少于 6 次。

7.2.4 进场的保温装饰复合板应无起皮、翘曲、断裂、缺角、表面碰损、划伤、色差，面板与保温板之间无脱层、空鼓。

检验方法：观察检查。

检查数量：全数检查。

7.2.5 保温装饰复合板保温工程施工前，应按设计和施工方案要求对基层进行处理，处理后的基层应符合施工方案的要求。

检验方法：对照设计和施工方案观察检查；核查隐蔽工程验收记录。

检查数量：全数核查。

7.2.6 保温装饰复合板保温工程的施工，应符合下列规定：

1 保温装饰复合板的保温层厚度应符合设计要求。

2 复合板与基层之间的粘结或连接必须牢固，粘贴面积、粘结强度和连接方式应符合设计要求。复合板与基层之间的粘结强度应做现场拉拔试验。

3 锚固件的数量、位置、锚固深度和单个锚固件的抗拉承载力应符合设计要求。锚固件应进行现场拉拔试验。

4 保温装饰复合板应按施工方案的要求进行安装。

5 保温装饰复合板保温系统的构造节点、板缝处理及嵌缝做法应符合设计要求，板缝不得渗漏。

检验方法：观察、手扳检查；保温板厚度剖开尺量检查，粘结强度和锚固力核查拉拔试验报告；对照设计和施工方案观察检查；核查隐蔽工程验收记录。

检查数量：型式检验报告全数核查；其他项目每个检验批抽查5%，且不少于3处（块）。粘结强度和单个锚固件的抗拉承载力的现场抗拔试验数量，每个检验批不少于一组，每组5处（个）。

7.3 一般项目

7.3.1 进场的保温装饰复合板、配套材料、构配件等的外观和包装应完整无破损，符合设计要求和产品标准的规定。

检验方法：观察检查。

检查数量：全数检查。

7.3.2 保温装饰复合板安装应拼缝平整，且拼缝不得抹胶粘剂。

检验方法：观察检查。

检查数量：每个检验批抽查 10%，且不少于 5 处。

7.3.3 保温装饰复合板拼缝处的密封胶应平滑、顺直、均匀，不得有空穴或气泡，不得污染板表面。

检验方法：观察检查；用钢针插入，尺量检查。

检查数量：每个检验批抽查 10%，且不少于 5 处。

7.3.4 保温装饰复合板安装后的板面允许偏差和检查方法应符合表 7.3.4 的规定。

表 7.3.4 保温装饰复合板安装后的板面允许偏差和检查方法

序号	项 目	允许偏差，mm	检查方法
1	表面平整度	4	2 m 靠尺、塞尺检查
2	立面垂直度(高度≤2 000 mm)	4	2 m 垂直尺、塞尺检查
3	阴阳角垂直度	3	直角检测尺检查
4	密封胶直线度	4	拉 5 m 线，不足 5 m 拉通线，钢直尺检查

附录A 面密度试验方法

A. 0. 1 试验仪器

磅秤：量程 0 kg ~ 200 kg，精度 0.1 kg；

钢卷尺：精度 1 mm。

A. 0. 2 试验过程

取 3 块试件，分别称量每块试件的质量，并测量其长度、宽度。

A. 0. 3 试验结果

每块试件的面密度按式（A.0.3）计算。

$$W = M/(L \times B) \tag{A.0.3}$$

式中 W——面密度，kg/m^2；

M——试件质量，kg；

L——试件长度，m；

B——试件宽度，m。

取 3 块试件试验结果的算术平均值，结果精确到 $0.1\ kg/m^2$。

附录B　保温装饰复合板外墙保温工程的传热系数及热惰性指标计算方法

B. 0. 1　计算要点

1　按钢筋混凝土墙体计算其热阻和热惰性指标，即只用钢筋混凝土的导热系数、蓄热系数和墙体厚度计算的热阻和热惰性指标，表征基层墙体的热阻和热惰性指标。

2　结合层的热阻和热惰性指标不用计算，且不计入墙体工程的热阻值内。

3　保温装饰复合板层的热阻及热惰性指标，用保温装饰复合板中保温层材料的导热系数、蓄热系数和厚度计算的热阻及热惰性指标表征。

4　材料表面的太阳辐照吸收系数 ρ_s 和热辐射率按一般的 $\rho_s = 0.7$ 和 $\varepsilon = 0.88$ 考虑。若在实际工程中采用了 $\rho_s \leqslant 0.3$ 或 $\varepsilon \leqslant 0.28$ 的表面涂料，可按现行相关标准中规定的计算方法对表面涂料的等效热阻进行计算。

B. 0. 2　计算公式

$$K = \frac{1}{R_0} = \frac{1}{R_i + R + R_e} \qquad \text{（B.1.2-1）}$$

$$D = D_s + D_p \qquad \text{（B.1.2-2）}$$

$$R = R_s + R_p \qquad \text{（B.1.2-3）}$$

$$D_s = \sum D_j = \sum R_j \cdot S_j \qquad \text{（B.1.2-4）}$$

$$D_p = R_p \cdot S \quad (B.1.2\text{-}5)$$

$$R_s = R_{RC}+R_{m.i}+R_{m.e} = \frac{d_{RC}}{\lambda_{RC}} + \frac{d_{mi}}{\lambda_{mi}} + \frac{d_{me}}{\lambda_{me}} \quad (B.1.2\text{-}6)$$

$$R_p = \frac{d_{is}}{\lambda_{is}} \quad (B.1.2\text{-}7)$$

式中 K、R_0——保温装饰复合板外墙外保温工程的传热系数[W/(m^2·K)]和传热阻（m^2·K/W）；

R——保温装饰复合板外墙外保温工程的结构层热阻（m^2·K/W），为保温装饰复合板层的热阻与基层墙体的热阻之和，用式（B.1.2-3）计算；

R_i、R_e——墙体工程的内、外表面热交换阻（m^2·K/W），取 R_i = 0.11 m^2·K/W，R_e = 0.04 m^2·K/W；

D——保温装饰复合板外墙外保温工程的热惰性指标，为保温装饰复合板层的热惰性指标与基层墙体的热惰性指标之和，用式（B.1.2-2）计算；

D_s——基层墙体的热惰性指标，为各层材料的热惰性指标之和，按式（B.1.2-4）计算；

D_p——保温装饰复合板层的热惰性指标，用式（B.1.2-5）计算，式中的 R_p 为按式（B.1.2-7）计算的保温装饰复合板层热阻，S_{is} 为保温装饰复合板中保温材料的蓄热系数[W/(m^2·K)]；

R_s——基层墙体热阻(m^2·K/W)，为基层中钢筋混凝土墙体的热阻与内外抹灰层热阻之和，按式（B.1.2-6）计算；

R_p——保温装饰复合板层热阻($m^2 \cdot K/W$)，按式（B.1.2-7）计算，式中 d_{is} 为保温装饰复合板层中的保温层材料厚度（m），λ_{is} 为保温层材料的导热系数[$W/(m \cdot K)$]。

附录C　保温装饰复合板外墙外保温系统材料复验项目

C.0.1　保温装饰复合板外墙外保温系统材料复验项目见表C.0.1。

表C.0.1　保温装饰复合板外墙外保温系统材料复验项目

序号	材料名称	复验项目	备　注
1	保温装饰复合板	保温装饰复合板的面密度，面板与保温板之间的拉伸粘结强度，燃烧性能面板涂料饰面层的耐酸性、耐碱性、表面涂膜附着力	
2	保温板	导热系数、密度、抗压强度、抗拉强度、燃烧性能	
3	界面剂	与保温板间的拉伸粘结强度（原强度、耐水）	
4	胶粘剂	胶粘剂与保温材料之间、胶粘剂与水泥基之间的拉伸粘结强度（原强度和耐水强度）	试件制样后养护7 d进行拉伸粘结强度检验，发生争议时，以养护28 d为准
5	密封胶	拉伸粘结强度、相容性	
6	锚栓	单个锚固件的抗拉承载力	

附录D　检验批质量验收记录

D. 0. 1　保温装饰复合板分项工程检验批质量验收可按表D.0.1-1、表D.0.1-2记录。

表D.0.1-1　保温装饰复合板分项工程检验批施工质量验收记录

<table>
<tr><td>工程名称</td><td colspan="4"></td><td>验收部位</td><td></td></tr>
<tr><td>施工单位</td><td colspan="2"></td><td>专业工长</td><td></td><td>施工班组长</td><td></td></tr>
<tr><td>分包单位</td><td colspan="2"></td><td>分包项目经理</td><td></td><td>施工班组长</td><td></td></tr>
<tr><td>施工执行标准名称及编号</td><td colspan="6"></td></tr>
<tr><td colspan="4">施工质量验收规程规定</td><td colspan="2">施工单位检查评定记录</td><td>监理单位验收记录</td></tr>
<tr><td rowspan="2">主控项目</td><td>1</td><td colspan="2">系统各组成材料、配套材料、构配件等进场后，应进行质量检查和验收，其品种、规格必须符合设计和有关标准的要求</td><td colspan="2"></td><td rowspan="2"></td></tr>
<tr><td>2</td><td colspan="2">保温装饰复合板的面密度、燃烧性能，保温板的导热系数、密度、抗压强度、抗拉强度、燃烧性能，面板涂料饰面层的耐酸性、耐碱性、表面涂膜附着力等，均应符合设计要求</td><td colspan="2"></td></tr>
</table>

续表

施工质量验收规程规定			施工单位 检查评定记录	监理单位 验收记录
主控项目	3	保温装饰复合板和粘结材料等进场时，应对其下列性能进行复检： ① 保温装饰复合板的面密度、面板与保温板之间的拉伸粘结强度、燃烧性能； ② 保温板的导热系数、密度、抗压强度、抗拉强度、燃烧性能； ③ 面板涂料饰面层的耐酸性、耐碱性、表面涂膜附着力； ④ 胶粘剂的拉伸粘结原强度和耐水强度		
	4	保温装饰复合板应无起皮、翘曲、断裂、缺角、表面碰损、划伤、色差，面板与保温板之间无脱层、空鼓		
主控项目	5	保温装饰复合板分项工程施工前，应按设计和施工方案要求的基层进行处理，处理后的基层应符合施工方案的要求		
	6	保温装饰复合板分项工程的施工，应符合下列规定： ① 保温装饰复合板的厚度必须符合设计要求。 ② 复合板与基层之间的粘结或连接必须牢固，粘贴面积、粘结强度和连接方式应符合设计要求。复合板与基层之间的粘结强度应做现场拉拔试验。		

续表

<table>
<tr><td colspan="3">施工质量验收规程规定</td><td>施工单位
检查评定记录</td><td>监理单位
验收记录</td></tr>
<tr><td>主控项目</td><td>6</td><td>③ 当复合板采用预埋或后置锚固件固定时，锚固件的数量、位置、锚固深度和拉拔力应符合设计要求。后置锚固件应进行锚固力现场拉拔试验。
④ 保温装饰复合板应按型式检验报告和施工方案的要求进行安装。
⑤ 保温装饰复合板保温系统的构造节点、板缝处理及嵌缝做法应符合设计要求，板缝不得渗漏</td><td></td><td></td></tr>
<tr><td colspan="2">施工单位检查评定结果</td><td colspan="3">项目专业质量检查员：
项目专业质量（技术）负责人：　　　　年　月　日</td></tr>
<tr><td colspan="2">监理（建设）单位验收结论</td><td colspan="3">监理工程师（建设单位项目技术负责人）：　年　月　日</td></tr>
</table>

表 D.0.1-2　保温装饰复合板分项工程检验批施工质量验收记录

<table>
<tr><td colspan="3">工程名称</td><td colspan="8"></td><td colspan="3">验收部位</td><td></td></tr>
<tr><td colspan="3">施工单位</td><td colspan="3">专业工长</td><td colspan="5"></td><td colspan="3">施工班组长</td><td></td></tr>
<tr><td colspan="3">分包单位</td><td colspan="3">分包项目经理</td><td colspan="5"></td><td colspan="3">施工班组长</td><td></td></tr>
<tr><td colspan="3">施工执行标准名称及编号</td><td colspan="12"></td></tr>
<tr><td colspan="4">施工质量验收规程规定</td><td colspan="10">施工单位检查评定记录</td><td>监理单位验收记录</td></tr>
<tr><td rowspan="8">一般项目</td><td>1</td><td colspan="2">保温装饰复合板、配套材料、构配件等的外观和包装应完整无破损，符合设计要求和产品标准的规定</td><td colspan="10"></td><td></td></tr>
<tr><td>2</td><td colspan="2">保温装饰复合板安装应拼缝平整，且拼缝不得抹胶粘剂</td><td colspan="10"></td><td></td></tr>
<tr><td>3</td><td colspan="2">保温装饰复合板拼缝处的密封胶厚度应符合设计要求，应平滑、顺直、均匀，不得有空穴或气泡，不得污染板表面</td><td colspan="10"></td><td></td></tr>
<tr><td rowspan="5">4尺寸偏差</td><td>允许偏差项目</td><td>允许偏差（mm）</td><td colspan="10">实测偏差（mm）</td><td rowspan="5"></td></tr>
<tr><td>表面平整度</td><td>4</td><td></td><td></td><td></td><td></td><td></td><td></td><td></td><td></td><td></td><td></td></tr>
<tr><td>立面垂直度(高度≤2 000 mm)</td><td>4</td><td></td><td></td><td></td><td></td><td></td><td></td><td></td><td></td><td></td><td></td></tr>
<tr><td>阴阳角垂直度</td><td>3</td><td></td><td></td><td></td><td></td><td></td><td></td><td></td><td></td><td></td><td></td></tr>
<tr><td>密封胶直线度</td><td>4</td><td></td><td></td><td></td><td></td><td></td><td></td><td></td><td></td><td></td><td></td></tr>
</table>

续表

共实测　　点，其中合格　　点，不合格点　　点，合格率　　。	
施工单位 检查评定结果	专业质量检查员： 项目专业质量（技术）负责人：　　　年　月　日
监理（建设） 单位验收结论	专业监理工程师（建设单位项目专业技术负责人）： 年　月　日

附录E 分项工程质量验收记录

E.0.1 保温装饰复合板分项工程施工质量验收可按表E.0.1记录。

表E.0.1 保温装饰复合板分项工程施工质量验收记录

<table>
<tr><td>工程名称</td><td colspan="3"></td><td>验收部位</td><td></td></tr>
<tr><td>施工单位</td><td></td><td>专业工长</td><td></td><td>施工班组长</td><td></td></tr>
<tr><td>分包单位</td><td></td><td>分包项目经理</td><td></td><td>施工班组长</td><td></td></tr>
<tr><td>施工执行标准名称及编号</td><td colspan="5"></td></tr>
<tr><td>序号</td><td>检验批、区段</td><td colspan="2">施工单位检查评定结果</td><td colspan="2">监理（建设）单位验收结论</td></tr>
<tr><td></td><td></td><td colspan="2"></td><td colspan="2"></td></tr>
<tr><td></td><td></td><td colspan="2"></td><td colspan="2"></td></tr>
<tr><td></td><td></td><td colspan="2"></td><td colspan="2"></td></tr>
<tr><td></td><td></td><td colspan="2"></td><td colspan="2"></td></tr>
<tr><td></td><td></td><td colspan="2"></td><td colspan="2"></td></tr>
<tr><td></td><td></td><td colspan="2"></td><td colspan="2"></td></tr>
<tr><td></td><td></td><td colspan="2"></td><td colspan="2"></td></tr>
<tr><td></td><td></td><td colspan="2"></td><td colspan="2"></td></tr>
<tr><td></td><td></td><td colspan="2"></td><td colspan="2"></td></tr>
<tr><td>监理（建设）单位验收结论</td><td colspan="5">监理工程师（建设单位项目技术负责人）： 年 月 日</td></tr>
</table>

本标准用词说明

1　为便于在执行本规程条文时区别对待，对要求严格程度不同的用词说明如下：

1）表示很严格，非这样做不可的：
正面词采用“必须”，反面词采用“严禁”；

2）表示严格，在正常情况下均应这样做的：
正面词采用“应”，反面词采用“不应”或“不得”；

3）表示允许稍有选择，在条件许可时首先应这样做的：
正面词采用“宜”，反面词采用“不宜”；

4）表示有选择，在一定条件下可这样做的：采用“可”。

2　规程中指明应按其他有关标准执行的写法为“应按……执行”或“应符合……的规定”。

引用标准名录

1 《建筑材料放射性核素限量》(GB 6566)
2 《硬质泡沫塑料 尺寸稳定性试验方法》(GB 8811)
3 《民用建筑热工设计规范》(GB 50176)
4 《建筑装饰装修工程质量验收规范》(GB 50210)
5 《建筑工程施工质量验收统一标准》(GB 50300)
6 《建筑节能工程施工质量验收规范》(GB 50411)
7 《色漆和清漆 涂层老化的评级方法》(GB/T 1766)
8 《色漆和清漆 人工气候老化和人工辐射曝露 滤过的氙弧辐射》(GB/T 1865)
9 《无机硬质绝热制品试验方法》(GB/T 5486)
10 《无机硬质绝热制品试验方法 力学性能》(GB/T 5486.2)
11 《一般工业用铝及铝合金板、带材》(GB/T 3880)
12 《泡沫塑料与橡胶 线性尺寸的测定》(GB/T 6342)
13 《泡沫塑料及橡胶 表观密度的测定》(GB/T 6343)
14 《建筑材料及制品燃烧性能分级》(GB/T 8624)
15 《建筑材料可燃性试验方法》(GB/T 8626)
16 《建筑涂料 涂层耐碱性的测定》(GB/T 9265)
17 《色漆和清漆耐液体介质的测定》(GB/T 9274)
18 《建筑涂料涂层耐沾污性试验方法》(GB/T 9780)

19 《色漆和清漆漆膜的划格试验》(GB/T 9286)

20 《绝热材料稳态热阻及有关特性的测定 防护热板法》(GB/T 10294)

21 《绝热材料稳态热阻及有关特性的测定 热流计法》(GB/T 10295)

22 《蒸压加气混凝土性能试验方法》(GB/T 11969)

23 《建筑构件稳态热传递性质的测定 标定和防护热箱法》(GB/T 13475)

24 《硅酮建筑密封胶》(GB/T 14683)

25 《建筑外墙保温用岩棉制品》(GB/T 25975)

26 《外墙外保温工程技术规程》(JGJ 144)

27 《膨胀聚苯板薄抹灰外墙外保温系统》(JG 149)

28 《抹灰砂浆技术规程》(JGJ/T 220)

29 《膨胀玻化微珠轻质砂浆》(JG/T 283)

30 《建筑外墙外保温防火隔离带技术规程》(JGJ 289)

31 《外墙保温用锚栓》(JG/T 366)

32 《纤维水泥平板 第 1 部分:无石棉纤维水泥平板》(JC/T 412.1)

33 《纤维增强硅酸钙板 第 2 部分:温石棉硅酸钙板》(JC/T 564.2)

35 《泡沫玻璃绝热制品》(JC/T 647)

四川省工程建设地方标准

保温装饰复合板保温系统应用技术规程

DBJ51/T 025 - 2014

条 文 说 明

制定说明

为便于广大设计、施工、科研、学校等单位有关人员在使用本标准时能准确理解和执行条文规定，《保温装饰复合板应用技术规程》编制组按章、节、条顺序编制了本标准的条文说明，对条文规定的目的、依据以及执行中需要注意的有关事项进行了说明。

目　次

1 总 则

1.0.1 保温装饰复合板是将保温装饰施工现场多道工序变成工厂生产的保温装饰一体化多功能产品。在建筑节能保温装饰工程中应用保温装饰复合板系统，能简化现场施工，确保墙体保温隔热性能，保证建筑装饰效果，降低建筑使用能耗。编制本规程的目的是规范本省保温装饰复合板系统应用要求。

1.0.2 保温装饰复合板目前已经大量应用于新建、改建、扩建的公共建筑、民用建筑外墙外保温工程中，整个系统应该满足抗震设防的规定，本规程适用于上述情况所涉及的设计、施工、验收等环节。

1.0.3 说明本规程与其他标准之间的关系，保温装饰复合板及其配套材料涉及的专业级门类较多，有些已经制定了相应的标准和规定，因此必须在执行本规程规定的条款时尚应符合现行国家、行业和四川省地方有关标准的规定。

2 术 语

2.0.2 由保温板与带外饰面层的面板通过胶粘剂或自粘结工艺在工厂复合成型，集保温装饰功能为一体的板状材料。其中，面板基层为非金属材料和金属材料两大类。为了保证保温装饰复合板平整度、变形能力等方面的需求，有些类型的保温装饰复合板带有玻纤网格布的增强底衬或设置于保温层内的金属增强层。

2.0.3 在保温装饰复合板中起保温作用的构造层。其中，以聚苯乙烯或其共聚物等有机材料为主要原材料，在工厂发泡预制加工成型的硬质泡沫板状保温材料，简称有机保温板；以无机轻骨料或发泡水泥、泡沫玻璃为主要原材料，在工厂发泡预制加工成型的板状保温材料，简称无机保温板；本规程中所列无机保温板中暂未涵盖玻璃棉、岩棉板等纤维状保温材料。

2.0.4 在保温装饰复合板中起增强、保护作用的构造层。其中，以金属材料加工成型的面板，简称金属面板；以非金属材料加工成型的面板，简称非金属面板。

2.0.5 在保温装饰面表面采用平面及立体涂装工艺设置的装饰层，包括氟碳涂料饰面、金属漆涂料饰面、质感涂料等。

2.0.6 用于增强保温装饰复合板与基层墙体（主要是砂浆类材料）之间粘结力的聚合物浆体材料。

2.0.9 用于保温装饰复合板与基层墙体锚结固定的专用金属小构件，由锚固压板、锚栓（包括金属螺钉、塑料膨胀管）等小构件组成。在粘锚结合层中起辅助作用。

2.0.10 填缝材料主要指在板缝之间填充,用来减少密封胶用量并兼顾保温功能的材料,本规程中填缝材料要求使用 A 级材料或与保温板材同质的保温材料。

3 基本规定

3.0.1 本条强调保温装饰复合板保温系统是一个整体，各材料之间有很强的关联性，因此要求保温装饰复合板保温系统的组成材料必须由系统产品制造商配套提供。

3.0.2 强调保温装饰复合板自身能有一定的适应变形的能力，在基层出现沉降、温度应力等正常变形时不产生裂缝、空鼓或脱落。

3.0.3 保温装饰复合板保温系统在垂直方面受胶粘剂和锚固件的共同作用，系统自身应能长期承受自重而不产生空鼓、脱落等情况。

3.0.4 在高层建筑使用保温装饰复合板保温系统中出现过由于局部风荷载较为集中而导致保温装饰复合板脱落的情况，因此对此性能做出特别要求。

3.0.5 保温装饰复合板作为一种安装在建筑物外墙上的保温材料，基层是否坚实牢固直接关系到该系统中胶粘剂的粘结效果和质量，由于基层疏松导致保温板材脱落的情况屡见不鲜，故需要要求保温工程的基层应坚实、平整。

3.0.7 保温装饰复合板保温系统在规定的抗震设防烈度内应与基层墙体保持一样的工作状态，在该系统所依附的基层未出现严重的破坏之前，保温装饰复合板不得先于基层退出工作，从基层上脱落。

3.0.12 本条保证保温装饰复合板系统的安全使用。

4 性能要求

4.1 系统性能要求

4.1.1 为保证保温系统指标体系与相关标准的一致，本规程引用的相关标准沿用修编后的最新版本。系统性能与现行外墙外保温技术规程中的系统性能要求保持一致，由于保温装饰复合板外墙保温系统由保温板、密封材料、通气组件共同构成，因此在水蒸气湿流密度指标中要求在实验时应该有排气塞。当保温装饰复合板采用金属饰面时由于材料性质决定其无法透水，由此特别备注当面板为金属板时不检验其不透水性。

4.2 组成材料

4.2.3 复合板中所采用的EPS板的表观密度与EPS薄抹灰系统中 18 kg/m^3 ~ 22 kg/m^3 的要求不一样，原因主要有三点：表观密度高于 20 kg/m^3 的 EPS 板，其抗拉强度一般均会大于 0.15 MPa，这样能够提高复合板系统的安全性；导热系数更低，保温效果好；抗压强度大于 0.10 MPa，防止或降低由于强度过低在搬运、储存使用过程中的破损，以及避免在生产过程中加压过大导致保温板的厚度不符合要求。

复合板中采用的 XPS 板应为双面去皮型，主要是为了保证其板面平整度，防止在复合的过程中由于板面不平导致有些部位粘结不到位。

PF 板的性能应符合《绝热用硬质酚醛泡沫制品（PF）》（GB/T 20974）A 类产品要求。PUR 板的燃烧性能应不低于 B1 级；其他性能应符合《硬泡聚氨酯保温防水工程技术规范》（GB 50404）中外墙用聚氨酯板的要求。

在外保温领域里使用的岩棉一般有两种：一种是岩棉板，一种是岩棉带。岩棉板其层间强度很差，岩棉带由于改层状纤维为垂直纤维，能够显著提高其抗拉强度，但技术尚不成熟，所以本规程暂不考虑有岩棉、玻璃棉等纤维状材料作为保温层的保温装饰复合板体系，本规程中建议当在系统防火隔离带部位使用岩棉、玻璃棉材料时，出于安全方面的考虑一定要用垂直纤维的岩棉带。

4.2.4 保温装饰复合板用无机板应选用纤维增强硅酸钙板或纤维水泥板，其性能应分别符合现行行业标准《纤维增强硅酸钙板 第 2 部分：温石棉硅酸钙板》（JC/T 564.2）和《纤维水泥平板 第 1 部分：无石棉纤维水泥平板》（JC/T 412.1）的规定。其厚度应不小于 6 mm，燃烧性能等级为 A1 级。

4.2.5 铝板的厚度确定与成品的保温装饰一体板的平面尺寸相关，一般说来，尺寸愈大厚度愈厚，由生产厂家根据实际情况自行在确定的范围内确定。0.6 mm 以下加工和安全性得不到保障；1.5 mm 以上可参照铝单板幕墙的技术要求。

4.2.7 金属钉和金属膨胀套管应采用不锈钢或经过表面防腐处理的金属制造，当采用电镀锌处理时，应符合 GB/T 5267.1

的规定。锚固件在基层的有效锚固深度不应小于 25 mm。单个锚固件的抗拉承载力标准值不应小于 0.6 kN。塑料钉和塑料膨胀套管、塑料扣件等配件应采用聚酰胺、聚乙烯或聚丙烯制成，不得使用回收的再生材料。

当砌体为空心砖时，应采用旋入式锚栓，通过摩擦和机械锁定承载或化学锚栓承载，其性能应符合现行行业标准的规定。

4.2.8 历数保温装饰复合板外墙保温系统燃烧的案例可以发现填缝对于整个系统安全的影响同样不可忽视，目前采用的泡沫条易燃，在火灾发生时容易竖向传播火焰，并使装饰面板后面的保温材料易燃，因此。本规程特别规定了填缝材料的性能。防火隔离带除满足现行规范外，通过沈阳万鑫大厦火灾分析可以发现，火源的传递主要是竖缝填缝材料采用了易燃的泡沫条，因此此处要求材料为 A 级。

5 设 计

5.1 一般规定

5.1.1 再次强调保温系统的整体性及完整性。

5.1.2 着重考虑保温装饰复合板系统内部不能结露，冷热桥部位在做断桥处理时容易与原有窗框、窗洞产生冲突，因此这里着重提请大家注意预留相应保温层厚度。

5.1.3 外保温系统已具有防水功能，加上本条措施，可以满足墙面整体防水要求。

5.1.4 复合板不能承担任何附加荷载。

5.2 系统构造

5.2.1 明确了外保温系统的基本构造及组成材料，其节点构造做法符合相关规定。

5.2.2 外保温系统是采用以粘贴锚固相结合的方法，粘贴面积不低于50%主要考虑了风荷载、安全系数以及现场施工的不确定性。

5.2.3 规定了外保温系统专用锚栓及固定卡件的设置、锚固有效深度、固定卡件固定的要求。加气混凝土砌体是一种轻质结构，固定件在该砌体中的抗拉承载力相对较低，应加大其锚固深度。空心砌块的壁厚较薄，达不到锚固深度的要求，因此须采用有回拧功能的膨胀锚栓。专用锚栓及固定卡件的主要作用是在不可预见的情况下，确保系统的安全性。

5.2.5 为排除复合板与基层之间的潮气，以防止潮气引起的复合板鼓涨，以利于保温效果。

6 施 工

6.1 一般规定

6.1.1 明确保温装饰复合板外墙外保温工程的施工应在主体结构工程验收合格后进行，由于保温装饰复合板在使用时采用了粘结的工艺，因此在施工前应对基层墙体质量进行检查验收，保证保温装饰复合板粘结的基层粘结强度满足要求。

6.1.2 对保温装饰复合板外墙外保温工程的施工组织提出要求，需要有针对性地编制施工方案，并经过监理、业主等相关方履行确认手续后实施。

6.1.3 明确保温装饰复合板上不得安装附加其他荷载，保温装饰复合板的安装应该在其他构件安装完毕之后施工。

6.1.4 基层表面存在的沾污、浮尘将影响胶粘剂与基层墙面的粘结质量，在保温装饰复合板粘贴施工之前应该对墙面进行处理，必要时需要使用界面剂进行界面处理。

6.1.5 保温装饰复合板外墙外保温工程中大量使用了有机材料，易着火燃烧。

6.1.6 保温装饰复合板外墙外保温工程施工过程中，材料进场后，应有产品合格证、检验试验报告等质量证明文件，并按照规定进行见证抽样、复验，合格后方可使用。

6.1.7 墙体锚固件的设置应选择混凝土、实心砖等致密的墙体材料位置设置，并应保证设置数量及选择适当的锚固件类型。

6.1.8 规定了保温装饰复合板外保温系统施工的限制条件。

6.1.9 保温装饰复合板外墙保温系统具有保温、装饰一次成型的特点，由此在施工完毕后需要对墙面进行必要的保护，避免对装饰层造成破坏。

6.2 施工工艺

6.2.1 结合建筑设计图纸及现场实际控制点，弹出基准线，考虑建筑物的沉降因素，绘制墙面排板图，标出固定件位置、数量，根据不同墙面、门窗洞口，排出最合理的板块布置，这样既能加快施工速度，又能减少浪费，真正起到保温节能，装饰美观的效果，也符合设计的要求。

6.3 施工要求

6.3.1 规定基层墙面的粘结强度应该满足现行规范要求，保证保温装饰复合板的粘结性能。

6.3.4 复合板在粘贴后干固前，为了有效地控制下滑位移，在粘贴前在散水坡以上或起贴位置，用木方或角钢设置临时托架。胶粘剂每次配制不得过多，视不同环境温度或在产品说明书中规定的时间内用完。为了保证复合板平整度，应根据环境温度掌握胶粘剂干燥时间，在合理的时间内拧紧螺钉，确保复合板与基层墙体充分固定。

6.3.7 为了确保板缝嵌填的密实性，材料应选用有弹性的填充材料。密封胶施工质量的好坏直接影响到施工面是否渗漏，所以对密封胶相容性及打胶厚度提出要求。待密封胶晾干 24 h 后，在水平缝与垂直缝交汇处安装排气塞，排气塞帽汽孔应向外朝下，安装牢固，排气栓四周无渗漏，气孔不堵塞，确保排气畅通。

6.3.8 先检查密封胶缝质量及排气栓安装质量，清洁面板边缘上的浮灰、污垢，在确保上道工艺合格后及时撕去保护膜，用干净毛巾将粘胶遗留物清除干净。

7 施工质量验收

7.1 一般规定

7.1.1 本条规定的原则与现行国家标准《建筑节能工程施工质量验收规范》(GB 50411)保持一致。检验批也可根据与施工流程相一致且方便施工与验收的原则，按楼层、施工段、变形缝等进行划分。

7.1.4 严重缺陷一般指保温装饰复合板安装拼缝不平整，且拼缝残留胶粘剂，拼缝处的密封胶存在大量空穴或气泡，污染板表面。

7.1.5 本条列出本分项工程通常应该进行隐蔽检查验收的具体部位和内容，以规范隐蔽工程验收。当施工中出现本条未列出的内容时，应在施工方案中对隐蔽检查验收内容加以补充。

需要注意，本条要求隐蔽检查验收不仅应有详细的文字记录，还应有必要的图像资料，这是为了利用现代科技手段更好地记录隐蔽工程的真实情况。对于“必要”的理解，可理解为有隐蔽工程全貌和有代表性的局部（部位）照片。其分辨率以能够表达清楚受检部位的情况为准。照片应作为隐蔽工程验收资料，与文字资料一同归档保存。

7.1.6 质量证明文件主要包括保温装饰复合板外墙外保温系统型式检测报告、耐候性、抗风压性、防火性能及工程使用的保温隔热材料，其导热系数、密度、抗压强度或压缩强度、燃烧性能检测报告。

7.2 主控项目

7.2.1 本条是对保温装饰复合板外墙保温系统材料的基本规定。要求材料的品种、规格应符合设计和相关标准的要求，不得随意改变和替代。在材料进场时通过目视和尺量、称重等方法检查，并对其质量证明文件进行核查确认。检查数量为每种材料按进场批次随机抽取 3 个试样进行检查。当能够证实多次进场的同种材料属于同一生产批次时，可按该材料的出厂检验批次和抽样数量进行检查。如果发现问题，应扩大抽查数量，最终确定该批材料是否符合设计要求。

7.2.2 本条是在 7.2.1 条规定的基础上，要求保温装饰复合板的面密度、保温板的导热系数、抗拉强度均应符合设计要求。

保温装饰复合板的主要力学性能、热工性能、燃烧性能是否满足本条规定，主要依靠对各种质量证明文件的核查和进场复检。核查质量证明文件包括核查材料的出厂合格证、性能检测报告、构件的型式检验报告等。对有进场复检规定的要核查进场复检报告。对于新材料，应检查是否通过技术鉴定和专家论证，其力学性能、热工性能检验结果是否符合设计要求和本规程的相关规定。

7.2.3 本条列出了保温装饰复合板外墙保温系统主要材料的具体复检项目。复检的试验方法应遵守相应产品的试验方法标准。复检数量规定的原则与现行国家标准《砌体工程施工质量验收规范》（GB 50203）保持一致。

7.2.5 为了保证墙体节能工程质量，需要对墙体基层表面进行处理，然后进行保温层施工。基层表面处理对于保证安全和节能效果很重要，由于基层表面处理属于隐蔽工程，施工中容易被忽略，事后无法检查。本条强调对基层表面进行的处理应按照设计和施工方案的要求进行，以满足保温层施工工艺的需要。并规定施工中应全数检查，验收时则应核查所有隐蔽工程验收记录。

7.2.6 对保温装饰复合板外墙保温工程施工提出5款基本要求，这些要求主要关系到安全和节能效果，十分重要。本条要求的粘结强度和锚固拉拔力试验，可委托给具备见证资质的检测机构进行试验。采用的试验方法可选择《外墙保温用锚栓》（JG/T 366－2012）附录B锚栓承载性能现场测试方法进行检测。检查安装好的保温装饰复合板板缝，不得渗漏，可采用现场淋水试验的方法，以对板缝部位连续淋水1 h不渗漏为合格。

7.3 一般项目

7.3.1 在出厂运输和装卸过程中，保温装饰复合板、配套材料及构配件的外观如棱角、表面等容易损坏，其包装容易破损，这些都可能进一步影响到材料和构件的性能。本条针对这种情况作出规定：要求进入施工现场的节能保温材料和构件的外观和包装应完整无破损，并符合设计要求和材料产品标准的规定。